The Panicosaurus

恐慌巨龙

教会孩子管理焦虑情绪
Managing Anxiety in Children Including
Those with Asperger Syndrome

［英］K.I. 阿尔−加尼（K.I. Al-Ghani）/ 文
［英］海赛姆·阿尔−加尼（Haitham Al-Ghani）/ 图
何正平 / 译
王漪虹 / 审校

图书在版编目（CIP）数据

恐慌巨龙：教会孩子管理焦虑情绪 / （英）K.I.阿尔-加尼(K.I.Al-Ghani) 著；（英）海赛姆·阿尔-加尼(Haitham Al-Ghani) 绘；何正平译. -- 北京：华夏出版社有限公司，2021.6

（我和情绪共成长）

书名原文：The Panicosaurus: Managing Anxiety in Children Including Those with Asperger Syndrome

ISBN 978-7-5222-0108-5

I. ①恐… II. ①K… ②海… ③何… III. ①焦虑－自我控制－儿童教育－家庭教育 IV. ①B842.6②G782

中国版本图书馆 CIP 数据核字(2021)第 016099 号

Copyright © K.I. Al-Ghani 2013
Illustrations Copyright © Haitham Al-Ghani 2013
The Panicosaurus was first published in the UK in 2013 by Jessica Kingsley Publishers Ltd
73 Collier Street, London, N1 9BE, UK
www.jkp.com
All rights reserved
Printed and bound in China

中文简体版权属华夏出版社所有，翻印必究。
北京市版权局著作权合同登记号：图字 01-2014-0407 号

恐慌巨龙：教会孩子管理焦虑情绪

作　者	［英］K.I. 阿尔-加尼
绘　者	［英］海赛姆·阿尔-加尼
译　者	何正平
责任编辑	薛永洁　李傲男
出版发行	华夏出版社有限公司
经　销	新华书店
印　刷	三河市万龙印装有限公司
装　订	三河市万龙印装有限公司
版　次	2021 年 6 月北京第 1 版 2021 年 6 月北京第 1 次印刷
开　本	889×1194　1/16 开
印　张	3.5
字　数	15 千字
定　价	42.00 元

华夏出版社有限公司
地址：北京市东直门外香河园北里 4 号　邮编：100028
网址：www.hxph.com.cn　电话 （010）64663331（转）
若发现本版图书有印装质量问题，请与我社营销中心联系调换。

谨以此书献给艾哈迈德和萨拉·阿尔－加尼

感谢他们一直以来的关爱和支持

致 谢

特别感谢布莱尼·格莱德维什（Bryony Gladwish），他为本书的一些角色起了名字，也非常坦率地和我讨论了书中的内容。同样也要感谢琳达·肯沃德（Lynda Kenward）、阿什莉·林菲尔德（Ashlie Linfield）和奥德丽·诺克罗斯（Audrey Norcross），在与孩子相处方面他们有着丰富的经验，向我提出了宝贵的建议，也与我建立了深厚的友谊。

序

当外界向我们提出力所不及的要求时,我们大脑中一块叫作杏仁核的区域就会产生焦虑感。这种感受是完全无意识的反应,它自动生成,不受我们控制。当恐惧感袭来时,我们会不自觉地呼吸加快,心跳也会随之加速。在恐惧和焦虑面前,我们有多种反应方式,在英语中简称"5 个 F":

1、求助(Flock):指的是我们向信赖的人(例如父母、警察)求助,或者走向人群以寻求"人多势众"的安全感。

2、慌张(Fluster):指的是当感到惊慌时,我们似乎无法进行正常思考,因此会做出一些低级的错误反应(还记得驾照考试吗?)。

3、吓呆(Freeze):指的是当我们像射灯下的兔子一样被逮个正着时,出现的开不了口又迈不开步的反应。

4、逃跑(Flight):指的是我们下意识以最快的速度逃离现场的反应。

5、迎战(Fight):指的是我们变得焦躁、愤怒、具有攻击性的反应。

杏仁核还兼具记忆存储的功能,有人称它为"恐惧记忆的仓库"。它使我们将强烈的情绪与某些带有负面记忆的场景关联起来,比如恐惧感与黑暗、狗或者牙医。如果不加干预,恐惧的梦魇会将人彻底吞噬,尤其是在身体做出无意识的恐慌反应时,任何劝解都难以让恐惧者相信其实并没什么好怕。

就算是在我们无微不至的呵护下，大多数幼儿还是会经历一定程度的恐惧或焦虑。对于一些过度焦虑的孩子，要教他们认识并减轻恐惧或焦虑情绪带来的各种不适症状。我们要创造条件，让孩子在较轻松的状态下练习镇定技巧。遇到令人害怕的事情时，对孩子使用技巧克服恐惧的行为给予鼓励与肯定。与其保护孩子，不如教会孩子如何处理恐惧情绪。

教会孩子如何通过放松和形象化的方式来控制自己的恐慌情绪，是一种比较积极的应对方法。如果借助这样的方法可以减轻焦虑，并把孩子带到一个更加平静的地方，那就说明孩子已经能成功地控制部分恐惧感了。如果能设法把孩子逗乐，效果还会更好，因为笑声是我们人类特有的一种情绪放松的表现。有研究者认为，人类最早的笑声可能是在一次危险过后大家都松了一口气时发出的。发自内心的笑会让人放松，能抑制人们面临恐惧时的"迎战还是逃跑"反应，笑能有效地帮助人们（特别是孩子）控制焦虑。当然，我们也不能强迫孩子去笑。在这里，值得一提的是，部分孤独症儿童会难以控制地大笑，这其实是急性焦虑的一种表现。

孤独症谱系障碍孩子几乎每天都会受到焦虑感的困扰，其中阿斯伯格综合征孩子的焦虑感尤为强烈，普通孩子能够从容应对的问题，却会使阿斯伯格综合征的孩子焦虑万分。托尼·阿特伍德（Tony Attwood）[①]对孤独症与焦虑感相互关系的描述实在令人难忘："焦虑感和孤独症如影随形，随时等待下一次发作。"

研究表明，杏仁核功能异常可能会导致人的恐惧和焦虑水平异常，这恰恰是孤独症谱系障碍的普遍特征之一。绝大多数

---

① 编注：世界知名的阿斯伯格综合征专家，著有《阿斯伯格综合征完全指南》（*The Complete Guide to Asperger´s Syndrome*）一书，此书的中文简体版已于2012年由华夏出版社出版。

孤独症谱系障碍的儿童（和成人）存在述情障碍（alexithymia），即在情绪识别方面存在困难。不开心的时候，他们可能无法说清楚自己到底是感到伤心、恐惧还是生气。此外，很多孤独症人士会因感官更为敏感而产生焦虑感，无法忍受某种特定声音或意外噪声是最常见的表现。孤独症儿童看上去警惕性超高，他们长期处于戒备状态。这类孩子大都缺乏应对日常生活的技能。例如，在普通学校里，任何常规的调整都可能导致急性焦虑或恐慌发作，哪怕只是某位信任的老师没来上班，或者火警铃声突然响起。各种压力导致的焦虑感不断累积，孩子很可能最终会做出某种极端反应，可能会冲出教室或教学楼，也可能会变得不合群、易怒、极具攻击性，还可能会找个地方躲起来（据我对学生的多年观察，孩子最喜欢藏在课桌底下）。

神经系统科学指出，想要改变某一行为，必须经过实际训练。举例来说，不能只跟一个人讲怎么开车，必须要有人教他怎么开，而且还要给他时间练习，这样他才能掌握驾驶技能，真正学会开车。同理，孩子也要经过练习，才能真正学会如何减轻恐慌感。

孩子在固定活动间隙练习放松技巧，对焦虑情绪的管理效果显著。在恐慌龙的故事里，焦虑感化身成一只小恐龙，这样孩子就能认清相关症状表现，从而学会如何控制恐惧感。给全班同学讲这个故事，还能让孩子们更同情那些焦虑的孩子。同时，本书也希望提醒父母们和专业人士，当孩子因恐惧或焦虑而躲起来时，不要错误地认为，孩子这样做就是为了吸引大人的关注，或者是为了逃避做某件他不喜欢的事情而已。

家长或专业人士可以单独给某一个孩子讲恐慌龙的故事，这样焦虑的孩子就能有机会谈一谈自己的感受。本书明确地告诉我们，焦虑感是人人都有的一种情绪，受我们的大脑控制。如何去应对这些情绪，切实关系到我们每个人的生活质量。

老师们还可以把书中介绍的方法教给全班学生，而不只是过度焦虑的孩子。掌握应对恐慌巨龙的方法将使我们所有人都受益。

在我们每个人的大脑深处，都有一个杏仁核。那里，住着一只小恐龙，大家叫它"恐慌龙"。

早在远古时代，当人们还住在洞穴里的时候，恐慌龙是那么忙碌。它担负着警告原始人有危险要来临的重要职责：可能是一只剑齿虎正在洞口处徘徊，又或者是一只长毛象想要挤进这温暖的洞穴来。

恐慌龙可以让原始人的大脑命令身体要加快呼吸，心跳也会随之加快，更多的氧气就能被输送给手臂和腿部的肌肉。这样一来，无论是逃跑还是迎战，原始人都做好了准备，目的只有一个，那就是活命。

可是现在呢？在人们生活和工作的地方，再也看不到肆意游荡的凶猛野兽了，恐慌龙自然就没事儿可做啦。

所以啊，在一些人的大脑里，恐慌龙享受着清闲的好日子。只有当老鼠哧溜跑过来时，或是看到浴室里藏着一只蜘蛛时，又或是发现草丛里藏着一条滑溜溜的蛇时，它才偶尔跳出来活动一下。

但是，在另一些人的大脑里，恐慌龙可就淘气多了，遇到芝麻绿豆大的小事儿，它都会让人们感到害怕。

你脑袋里的那只恐慌龙在什么时候出现过？在漆黑一片的夜晚？在去看牙医或打针输液的时候？在全班同学面前说话的时候？

当恐慌龙突然冒出来的时候，它会让我们和原始人一样，呼吸加快，心跳加速，有时还会让我们有一些其他不舒服的感觉：也许是全身发烫、不停流汗，或者会感到手脚冰凉还冒冷汗，有时还会膝盖打战、双手发抖、嘴巴发干，有时甚至会觉得脖子后面的汗毛都要竖起来了，胃里像有一大群蝴蝶在翻腾。

恐慌龙最擅长的就是让危险意识占满我们的大脑，它会让我们傻傻地为一些小事儿担惊受怕。幸好，在大多数人脑袋里，恐慌龙被另一条叫作聪明龙的小恐龙制约着。

聪明龙住在我们大脑里一个叫新皮质的地方，它会告诉我们恐慌龙又在捣蛋啦。如果我们听它的话，它就会教我们该怎样呼吸，怎样克服身体上各种不舒服的感觉。

聪明龙有很多招数能让恐慌龙乖乖听话。可是呀，恐慌龙在一些人（尤其是小孩子）的脑袋里会更调皮一些，它很容易就能让孩子们感觉紧张、害怕，聪明龙必须格外费力才能制服恐慌龙。

下面，让我们来看看恐慌龙和小女孩玛蒂的故事吧！

五月的一个星期一，早晨的空气中带着树叶的清新。玛蒂特别开心，今天放学后，妈妈要带她到玩具店买一套新的拼图，这是妈妈给她的奖励，因为她学会了如何一觉睡到大天亮。

在玛蒂的记忆里，上床睡觉是件特别可怕的事情。每当爸爸妈妈给她盖上被子，跟她说晚安之后，玛蒂就会呼吸加快，小心脏怦怦直跳，全身发烫并不停地流汗。不知道是为什么，玛蒂满脑子都是各种假设性的问题：

要是爸爸妈妈出门了，可怎么办？
要是屋子里只剩我一个人，可怎么办？
要是衣柜里藏着怪物，可怎么办？

这些烦人的问题让玛蒂感到十分害怕，她总会甩开被子跳下床，啪的一声把灯打开。

一天晚上，玛蒂睡不着觉，爸爸给她讲了很多关于恐慌龙的事儿。

爸爸告诉玛蒂，她不一定非得听恐慌龙的，她应该学着去听聪明龙怎么说。

聪明龙告诉玛蒂其实并没有什么危险，只是恐慌龙闲着无聊瞎捣乱罢了。如果她想要把恐慌龙赶走，她首先要学会的就是怎么做深呼吸。

爸爸让玛蒂趴在床上，这样学深呼吸就很容易了，因为可以感觉到吸入的空气填满了胸腔。爸爸让玛蒂深深地吸一口气，数1、2、3，然后一边吐气，一边说：

潘——尼——克——斯——[①]

爸爸告诉玛蒂，"潘尼克斯"是恐慌龙的另一个名字，它最怕人们这样叫它，因为一听到这个名字，它的力量就会减弱。

深呼吸这个方法可以让玛蒂的呼吸慢下来，心跳也能恢复平静，恐慌龙也就不能再控制玛蒂了。

[①] 译注：单词 panicosaurus 由 panic(意为"恐慌")与 dinosaur(意为"恐龙")合成而来，由于字母 s 的发音有助于慢慢吐出口腔中的气流，因此根据 panicosaurus 的发音，译为"潘尼克斯"。

玛蒂学会如何正确呼吸之后，爸爸提出了一个计划：他向玛蒂保证每隔五分钟进来看她一次。玛蒂也跟爸爸保证乖乖待在床上，集中注意力做好呼吸，把恐慌龙赶走。

第一个五分钟显得格外漫长，于是爸爸说别担心，他们就先从两分钟开始。这样一点一点地延长时间，练习呼吸，玛蒂坚持了整整十五分钟，最后她很快地睡着了！

第二天，爸爸送给玛蒂一个企鹅形状的小手电，玛蒂最喜欢企鹅了。这样一来，当玛蒂再害怕时，她就不用下床去开灯了，只要把手电打开，告诉恐慌龙"你走开！"就可以了，因为毕竟啥事儿也没有啊。

只要玛蒂能安睡到天亮，爸爸妈妈就会给玛蒂一些玩具塑料片，玛蒂把塑料片存在一个小罐子里。当存满一整罐时，玛蒂就能得到一幅拼图的奖励。玛蒂正在努力集满一罐塑料片，好赢得一幅1000片的大拼图。

有一天，玛蒂在上学的路上碰到了一件可怕的事儿：一只狗朝她走了过来！恐慌龙冒出来对玛蒂说："狗会叫、会咬人，狗很凶、很危险！"玛蒂本想掉头就跑，幸好妈妈及时握住了她的手，妈妈微笑着说："还记得聪明龙的秘诀吗？深吸一口气，跟我一起唱！"

一闪一闪亮晶晶，满天都是小星星。

挂在天上放光明，好像许多小眼睛。

一闪一闪亮晶晶，满天都是小星星。

聪明龙知道恐慌龙害怕唱歌，一听到歌声它的威力就立马消失。玛蒂深吸了一口气，把恐慌龙呼了出来，和妈妈边走边唱。她们还没唱完，那只狗就已经走开了。玛蒂开心地笑了，妈妈骄傲地说："宝贝，你太棒了！妈妈一回家就往你的小罐子里放 25 片塑料片。"

到了学校门口，妈妈对玛蒂说，"我的宝贝，祝你在学校里一整天都开心！放学妈妈来接你。记住，我们要去玩具店哦！"

以前的玛蒂最怕学校操场了，妈妈一走她就会哭鼻子。有一次，她还追着妈妈跑到车来车往的马路上去了，差一点就被车撞到。于是，在聪明龙的帮助下，妈妈想出了一个能让玛蒂战胜恐慌龙的妙计。

操场上有一个绿色的圆圈。恐慌龙一露面，玛蒂就跑进绿圆圈里，从书包里拿出随身带的那瓶泡泡水。她深吸一口气，吹出一大串泡泡来。同学们都会围上来戳泡泡，但谁也不许踩到绿圆圈，孩子们欢快的笑声让恐慌龙不敢靠近。聪明龙知道，恐慌龙害怕笑声，一听到笑声它的能量就会被统统耗尽。

很快就到该进教室的时间了,在吵闹的衣帽间里,玛蒂怎么也找不到写着她名字的挂钩。她一下子慌了神儿,这下恐慌龙又冒出来在她耳边低声说道:

要是这儿不是你的学校,可怎么办?

要是这些孩子都不认识你,可怎么办?

负责生活的白老师看出了玛蒂的不安,她拉着玛蒂的手去找挂钩,还边走边唱:

我们去找挂钩啦,找挂钩,找挂钩,

我们去找挂钩啦,啦,啦,啦啦。

玛蒂发现写着她名字的牌子竟然掉在了地上。白老师弯腰把它捡了起来,并帮玛蒂把牌子贴了回去。玛蒂愉快地对白老师说谢谢。

教室里，同学们都已经坐好了，但玛蒂却没有看到洪老师。玛蒂心想，洪老师该不会像挂钩上的牌子一样掉在地上了吧？她边想边笑。但是，洪老师怎么还没来呢？没等玛蒂开口问其他同学，教室的门被打开了，进来的是一位高个子的男老师。

他走到讲台前和蔼地说："同学们，早上好，洪老师身体不舒服，今天由我来给大家上课，我姓宗。"

天哪，要换老师吗？早上偶遇小狗的恐惧感和挂钩牌子不见时的焦虑感一股脑地涌了回来，这可让恐慌龙补满了能量。玛蒂实在坐不住了，腾地一下站了起来，然后像受惊的小兔子一样缩到了课桌底下。

洪老师是玛蒂最喜欢的老师，红色也恰恰是玛蒂最喜欢的颜色，她怎么可能会去喜欢一位"棕"老师呢？！

宗老师开始点名了，当点到玛蒂的名字时，却迟迟没人应答。

"玛蒂？玛蒂同学来了吗？"宗老师问道。

"她在桌子底下。"同学们齐声说。

"桌子底下？"宗老师似乎不太相信，"玛蒂同学，请你立刻站出来！"老师的语气十分严厉。同学们紧张地面面相觑。

这时，朱迪举起手来。她向宗老师解释道："呃，宗老师，是这样的，玛蒂一害怕，就会钻到课桌底下。"

宗老师无奈地皱了皱眉，继续点起名来。

缩在课桌底下的玛蒂正在和恐慌龙作斗争。

恐慌龙狡猾地问道：

要是午饭后，宗老师不让你玩拼图怎么办？

玛蒂不想受恐慌龙的影响，她试着用洪老师教她的方法：并拢脚趾，双脚牢牢地踩在地板上，深吸一口气；然后，一边慢慢吐气，一边轻声念"潘——尼——克——斯——"。

紧紧并拢双腿，再吸第二口气。然后，一边慢慢吐气，一边轻声念"潘——尼——克——斯——"。

玛蒂必须用尽全力合十双掌，再吸第三口气。然后，一边慢慢吐气，一边轻声念"潘——尼——克——斯——"。

玛蒂记得洪老师还教过她，要把那些假设性的问题扔回给恐慌龙。于是，玛蒂坚定地问道："要是宗老师又友好又善良，知道我午饭后要玩拼图怎么办？"

要是你现在就走开，让我一个人待着，会怎么样呢？

恐慌龙这下可傻眼了，灰溜溜地回了杏仁核。而玛蒂呢？开心地从课桌底下钻了出来，坐到了椅子上。

看到玛蒂坐回了座位，同学们都松了一口气，纷纷向她竖起大拇指。玛蒂的心情渐渐平静下来了。

上午的课很快就上完了，又到了排队领午餐的时候了。平时，玛蒂吃完午饭以后，都会回到教室里玩拼图。今天轮到马丁在教室里陪玛蒂。

课程表上，周一下午是烹饪课，这周他们要做蔬菜汤，做好后还能带一份回家喝，玛蒂满心期待。按洪老师的要求，每位同学都从家里带来了一种蔬菜，玛蒂带的是胡萝卜。洪老师还让同学们事先编一段简单的歌谣，等到往锅里添蔬菜时唱。妈妈帮玛蒂想好了她的那段歌谣：

热汤开始噗噗噗， 往里放点胡萝卜。

终于等到烹饪课的时间了，可宗老师一进教室却把课程箭头挪到了"绘画课"上。

"哦，不！开什么玩笑？！"玛蒂心想，"这怎么行！洪老师说好这周要做蔬菜汤的，而且我已经把胡萝卜准备好了，就等着切好后放进锅里去呢。"

宗老师解释说："同学们，很抱歉，我没能准备齐烹饪课的教具，所以今天我们要改上绘画课了。"

同学们都特别失望。玛蒂心里乱极了，她实在没办法接受这接二连三的变化。她的眼泪在眼眶里打转，双手微微颤抖，肚子也感觉很不舒服。没等宗老师说后面的话，玛蒂就又缩到课桌底下，埋头抽泣起来。

宗老师关切地问道:"玛蒂去哪儿了?"其实他知道,玛蒂又钻回到课桌底下了。

听到玛蒂的哭声,同学们都显得十分难过。朱迪请宗老师去洪老师的柜子里拿一样东西。那里有一个写着玛蒂名字的百宝箱,里面有一条毯子、一个企鹅公仔、一个小手电,还有玛蒂的那本《可乐的恐慌龙》画册。

朱迪先把毯子盖在玛蒂的课桌上,又把企鹅公仔、画册和打开的小手电轻轻地塞到桌子底下。然后,她学着洪老师的样子,轻声哼唱:

我好平静,

我好安全,

我在这里好开心。

玛蒂把企鹅公仔搂在怀里,右手举起手电,翻看《可乐的恐慌龙》画册。这可是洪老师出的一道难题,她要全班同学画恐慌龙,而且必须画得滑稽可笑。

画册里,恐慌龙丑态百出:有的穿着像小丑一样的衣服;有的戴着滑稽的帽子,还长着一对斗鸡眼儿;有的穿着纸尿裤,手里拿着奶瓶,嘴里还含着安抚奶嘴……玛蒂越看越想笑。

宗老师轻轻掀起毯子的一角,递给玛蒂一个热乎乎的暖水袋。玛蒂把暖水袋捂在肚子上,暖水袋散发出淡淡的薰衣草香味,玛蒂渐渐放松了下来。

朱迪给玛蒂倒了一大杯水,还放了一根好看的吸管。玛蒂用吸管吸了几口水,不一会儿,她觉得自己真的平静下来了。

半小时后,玛蒂从课桌下爬了出来。午后的阳光显得有些刺眼,她坐回椅子上,看了看教室里的同学们。朱迪微笑着冲玛蒂竖起大拇指。

玛蒂画了几只企鹅,她很开心,一切都回到了正轨。画完画,朱迪帮着玛蒂把百宝箱收拾好并放了回去。

快要放学的时候,玛蒂的妈妈像往常一样提前五分钟来接她。宗老师和妈妈聊了一会儿,并送给玛蒂一本书,书里讲的是一个关于代课老师的故事。妈妈答应玛蒂晚上睡觉前给她讲这个故事。

宗老师说同学们这一天的表现都很棒，大家互相关心、互相帮助，他一定会告诉洪老师的。宗老师还说，他今天也学到了很多东西，非常感谢全班同学的配合，尤其是朱迪。为了表示感谢，他还会送给大家一只小宠物。

宗老师拿出一张照片，上面是一只非常可爱的小仓鼠，它的名字叫巴斯特，从明天起它就是全班同学的宠物啦。大家开心地欢呼起来。就这样，孩子们带着自豪且愉快的心情回家了。

玛蒂和妈妈从玩具店买完新拼图后，也开心地回到了家。这一天，可真是累人，恐慌龙实在太可恶了，总是出来捣蛋。不过，玛蒂已经掌握打败恐慌龙的秘诀了。只要她愿意听聪明龙的话，让自己保持冷静，就算恐慌龙再出现，玛蒂也一定能制服它。

降龙秘籍

🐾 和孩子一起讨论，面对压力或危险时，我们的身体都会有怎样的反应。比如，我们可能会出汗、发抖、恶心，或是口干舌燥；我们可能会想要逃跑或是想藏起来；我们还可能变得急躁、易怒、极具攻击性。然后，让孩子说一说他/她什么时候会这样，比如：

- 在公开场合说话
- 去医院打针、输液或是补牙
- 看到蜘蛛
- 看到大虫子

🐾 教孩子学会如何深呼吸（又称"腹式呼吸"）：深吸一口气，数1、2、3，然后慢慢呼出，数1、2、3。

🐾 通过收紧肌肉再放松来减压，还记得书中玛蒂是怎么做的吗？从脚趾开始往上，让身体的主要肌肉先收紧再放松，吐气的同时喊出"啊哈——"或者"潘尼克斯——"。

🐾 让孩子多跟自己说一些自我肯定的话，比如"我很冷静"、"我很放松"、"我感觉很平静"、"我感觉很安全"。多多重复，让孩子充满正能量，这些话就会变成帮助孩子摆脱压力的咒语。每个孩子都可以想一些属于自己的减压咒语。

🐾 为孩子准备一个属于他/她的安静空间，比如，在房间的一角搭个小屋或是安个帐篷，这总比钻到桌子底下强吧。再为孩子准备一张卡片，一旦孩子拿出这张卡片，就说明他/她想要去他/她的安静角落闭门静修喽。

🐾 放松其实也可以充满乐趣！快去试试瑜伽或者太极吧。如果有亲戚、朋友或者同事是这方面的高手，那就再好不过了，可以请他们去学校做做示范。当然，还有一些孩子更钟情于蹦床这样的大运动量活动，这也能让孩子抛开压力与烦恼，充分地放松。

🐾 强化快乐意识。用孩子最爱的图片做一本《快乐画册》，或者自制一本《可乐的恐慌龙》，或者放一集最爱的动画片看看。

🐾 在变换活动之前（比如去室外活动前、午饭前、放学前等），有规律地练习放松。全班孩子可以低下头，闭上眼睛，做短时间的放松。老师也可以让教室散发点孩子们喜欢的香气（要先确认孤独症谱系障碍的孩子喜欢这个气味），或者播放一些舒缓的古典音乐。这些都可以作为学校一天学习生活起始时的常规活动。

🐾 让低年龄的孩子教布娃娃如何放松、如何正确呼吸。

🐾 教会孩子自己做"蝴蝶式按摩"。让孩子们从头部开始，用手指轻弹头发、脸部和肩膀，然后交叉双臂，顺着胳膊下来。到达手部的时候，轻轻地依次握住每一个手指并拉一拉。然后双手轻按腹部，做深呼吸。告诉孩子想象着飞舞的蝴蝶把烦恼统统带走。

- 让孩子双臂交叉抱紧自己，给自己一个大大的拥抱。

- 做一份放松记录。把练习的次数用图表画出来，并标出哪种练习最有效。

- 做一张压力指数表，让孩子可以用 1~5 来表明他/她紧张或害怕的程度。

- 向孩子示范下巴推压的放松方式。双手手指交叉放在下巴下面，放松的时候用下巴推压双手。

- 给孩子准备一个装有感官玩具（比如挤压玩具、熔岩灯或 LED 显示玩具等）的盒子，也可以备一些薰衣草香味毯、有香味的加热片或加重的夹克衫（先确认孤独症谱系障碍孩子对这些物品不反感）。

- 让孩子自己种下一些种子，由他/她来负责打理这块绿地。

最后，作为家长，我们要在孩子表现出压力的时候，仍能保持平静，这一点很重要。把我们自己想象成一艘船，重要的是保持住平衡和稳定，这样才能帮助焦虑的孩子。

针对孤独症儿童的预防措施

🐾 争取作业治疗师的帮助，收集能够帮助孩子学会深度肌肉放松的一系列方法。让孩子在校和在家的时间段里，按一定的间隔时间来练习。

🐾 有的孩子对某些噪声或场所感到害怕，帮助他们脱敏。可以给他们播放这些噪声，或者带他们去这些场所，一开始只持续很短的时间，逐步延长。

🐾 调整孩子在校期间的作息时间，让孩子避开过于拥挤的区域（如衣帽间或操场）。让孩子提前五分钟到校，晚五分钟离校。让孩子选择是否更愿意在课间休息的时候待在教室里，或者是否愿意和一位好朋友一起吃午饭，而不用在拥挤（通常还有气味）的食堂里吃。

🐾 如果孩子的常规活动发生变化，尽量通过绘本或者社交故事让孩子事先有所准备。

🐾 要奖励那些乐于助人的普通孩子，他们可能牺牲了自己的游戏时间或者午餐时间，来陪伴焦虑的孤独症谱系障碍孩子。

- 要及时奖励努力克服恐惧情绪的孤独症谱系障碍孩子。

- 当年幼的孤独症谱系障碍孩子将从一个活动切换到另一个活动时,给他准备一个转换玩具。把转换玩具放在学校里会更好一些,如果让孩子从家里带一个心爱的玩具来学校,可能容易弄丢或者玩坏这个玩具。

作者简介

K.I. 阿尔-加尼，从事教育工作35年，是一名特殊教育咨询师、全纳教育顾问、孤独症领域的培训师。她目前是全纳教育的专业教师，致力于提供全纳教育服务以及为孤独症谱系障碍领域的专业人士、学生和父母提供培训。作为国际知名作家，她有一个孤独症谱系障碍的儿子，在过去的25年里一直致力于解开孤独症之谜。

海赛姆·阿尔-加尼，一名孤独症谱系障碍人士，K.I. 阿尔-加尼的儿子，完成了黑斯廷斯艺术和技术学院的全日制教育，在多媒体研究方面成绩卓越，获得了2007年文森特·拉恩斯最佳创意奖（Vincent Lines Award for Creative Excellence）。海赛姆是一名作家、卡通动画家以及童书的插图画家。

相关作品

《红皮小怪：教会孩子管理愤怒情绪》
文：（英）K.I. 阿尔-加尼
图：（英）海赛姆·阿尔-加尼
译：鲁志坚

《失望魔龙：教会孩子管理失望情绪》
文：（英）K.I. 阿尔-加尼
图：（英）海赛姆·阿尔-加尼
译：燕原

《阿斯伯格综合征完全指南》
著：（英）托尼·阿特伍德
译：燕原 冯斌

《社交潜规则：以孤独症视角解析社交奥秘》
著：（美）天宝·格兰丁 肖恩·巴伦
编辑整理：（美）韦罗妮卡·齐斯克
译：刘昊 付传彩 张凤

《用图像思考：与孤独症共生》
著：（美）天宝·格兰丁
译：范玮

《我心看世界：天宝解析孤独症谱系障碍》
著：（美）天宝·格兰丁
译：燕原